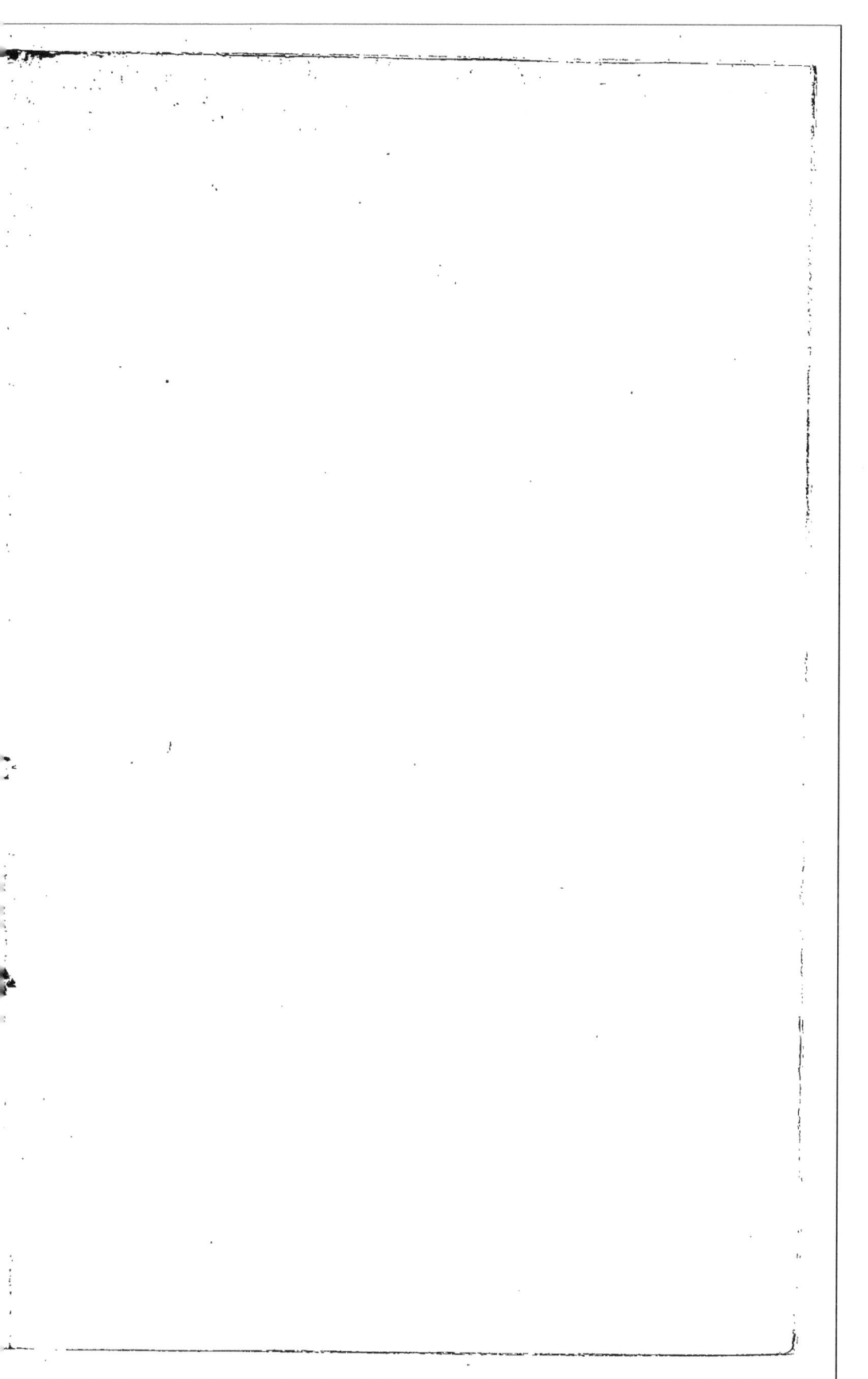

MONOGRAPHIE

DE

L'ARBOUSIER

BORDEAUX. — IMP. DE F. DEGRÉTEAU ET Cie
Rue du Pas Saint-Georges, 28.

MONOGRAPHIE

DE

L'ARBOUSIER

OU

NOTICE

SUR LA CULTURE DE CET ARBRISSEAU

PAR

GRAGNON-LACOSTE

Correspondant de l'Académie des Sciences, Belles-Lettres
et Arts de Bordeaux
Membre de la Société impériale zoologique d'Acclimatation de Paris
de la Société d'Agriculture de la Gironde

PARIS
LIBRAIRIE AGRICOLE
DE LA MAISON RUSTIQUE
Rue Jacob, 26.

BORDEAUX
MAISON LAFARGUE
Rue du Pas St-Georges, 28
FERET, FOSSÉS DE L'INTENDANCE, 15.

1865

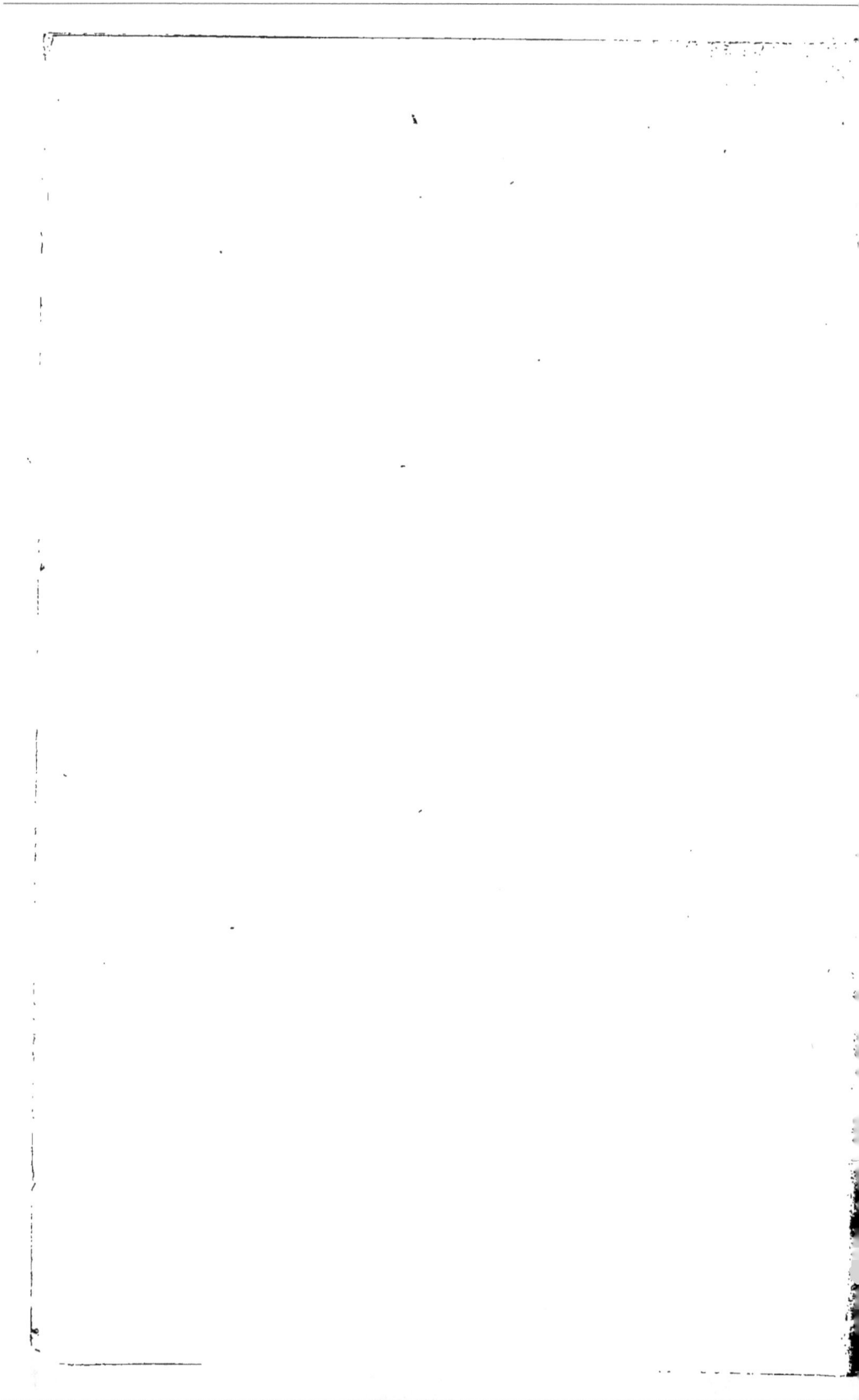

A

MONSIEUR RÉGNAULD

CHEVALIER DE LA LÉGION-D'HONNEUR
MEMBRE DU CONSEIL GÉNÉRAL DE LA CORRÈZE
INGÉNIEUR DE LA COMPAGNIE DES CHEMINS
DE FER DU MIDI.

Monsieur,

En vous dédiant ce petit opuscule, je ne me suis point proposé de signaler à votre faveur un arbrisseau qui fait déjà la plus riante parure de vos créations magiques, mais de le présenter à vos yeux sous un point de vue nouveau, celui de son utilité; car, par un privilége qui n'est que le partage d'un certain nombre de plantes, comme l'esprit, le talent, les qualités de l'âme, n'appartiennent qu'à quelques-uns, parmi les hommes; chez notre ARBOUSIER, *l'utile est le compagnon de l'agréable.*

*Vous l'avez choisi, Monsieur, entre tant d'autres végétaux, à cause de son port gracieux et du charme de son feuillage; il s'offre à vous maintenant sous un autre aspect. Aussi, vient-il vous demander par l'organe d'un ami qui s'est voué à sa culture, non plus seulement d'être l'hôte préféré de vos superbes bosquets, mais de reprendre son titre d'*ENFANT DE LA FORÊT. *Au jardin, il ne brillera jamais que d'une beauté éphémère; au bois, il développera largement des produits variés et précieux, et, en devenant utile, il restera votre image.*

*A l'étranger, l'*ARBOUSIER *est parfois la source d'un commerce lucratif, témoin l'Angleterre, qui, ne pouvant le cultiver chez elle, — le revend; il n'attend, ici, que le regard protecteur qui anime et* *fait tout fleurir sur notre plage embellie pour nous départir ses faveurs, car nulle autre terre ne lui a offert un berceau plus propice.*

Agréez, Monsieur, l'assurance des sentiments très-distingués avec lesquels j'ai l'honneur d'être,

Votre très-humble et très-obéissant serviteur,

GRAGNON-LACOSTE

Arcachon, le 15 Décembre 1864.

OBSERVATION

Une question d'utilité, plutôt que le vain désir d'écrire sur un sujet botanique, m'a inspiré la petite étude qu'on va lire. Comme tout le monde, je veux dire comme la plupart de ceux qui aiment les arbres, les fleurs, uniquement pour les satisfactions sensuelles qu'elles procurent, j'ai, moi aussi, cultivé jusqu'à ce jour l'arbousier, à cause de son port agréable et de son vert feuillage, mais sans plus de souci de lui-même, comme être végétal, sans autres notions physiologiques le concernant, que des observations vulgaires et tout-à-fait générales : me reposant du destin de mes sujets sur cette bonne *nature*, qui se fait tendre mère pour suppléer à notre imprévoyance.

Cependant, quelques préoccupations étant nées dans mon esprit, à l'endroit de cet arbrisseau, je formai, dès-lors, la résolution d'interroger les savants, espérant bien que ces grandes lumières allaient me donner raison des phénomènes qui avaient excité mes spéculations scientifiques.

Mais, le dirai-je? quelle déception ne fut point la mienne, lorsqu'après avoir feuilleté les gros in-folio des grands maîtres, je me vis réduit à replier mes investigations sur des œuvres plus modestes !

Bientôt, un avertissement opportun, émané d'une voix autorisée, vint m'apprendre ce que je pourrais en obtenir, et me prévenir, moi, simple néophyte dans la science de Flore, qu'en poursuivant plus loin mes desseins, je céderais à une vaine espérance. Que M. Charles Des Moulins, qui m'a pour ainsi dire servi de *cicerone* dans le champ scientifique où il est placé comme sur son domaine, reçoive ici mes remercîments, et de son aimable prévenance, et des sentiments affectueux et délicats dont l'expression ne fut jamais mieux placée que sous sa plume.

Dépersuadé, mais non découragé, j'ai tenté, à mon tour, un timide effort; et, m'aidant à la fois et des lumières que j'ai recueillies en glanant çà et là quelques faits, et de ma propre expérience, j'ai composé cette simple étude sur ce charmant arbrisseau que le Nord nous envie, que vous rechercherez bientôt, si vous ne l'aimiez déjà ; car il peut faire l'orgueil de vos massifs, et offrir un attrait de plus aux oiseaux de votre voisinage, gentils musiciens dont vous chérissez autant l'harmonie que la vive gaîté.

MONOGRAPHIE

DE

L'ARBOUSIER

OU

NOTICE SUR LA CULTURE DE CET ARBRISSEAU

> Les plantes multiplient nos ressources
> et peuvent souvent « adoucir ou prolonger
> « chez nous les heures fugitives de la vie. »

HISTORIQUE

L'arbousier, ce charmant arbrisseau qui fait l'ornement de nos jardins et de nos bosquets, et dont le feuillage toujours vert et le fruit assez semblable à la fraise printanière, offre une décoration pittoresque et riante, lorsque la campagne est déjà dévastée par les approches de l'hiver; l'arbousier n'a point, à proprement parler, de pays d'origine, ou du moins, l'état de rusticité où nous le voyons dans les divers pays qu'il habite comme indigène, ne permet pas de lui assigner une mère-patrie [1].

L'arbousier fut connu des anciens : les Grecs l'appelaient κομαρος ; il est mentionné dans plusieurs auteurs. Dioscoride, médecin d'Antoine et de Cléopâtre ; après lui, Sérapion, d'Alexandrie, chef de la secte des Empiriques ; Galien, le plus célèbre médecin de l'antiquité après Hippocrate, ont écrit sur ce végétal [2]. Seulement les connaissances que ces auteurs possédaient en histoire naturelle ne leur permirent pas de fournir sur cette plante des notions assez exactes pour nous

[1] On pourrait avec quelque raison peut-être indiquer pour notre espèce commune, la région *méditerranéenne*. C'est aussi là l'opinion de M. Charles Des Moulins, dont nous aimons à reconnaître l'autorité.

[2] *Enchiridion*, 1841 ; *Prodr. syst. regn. veget.*, t. VII, 1838.

la faire connaître au point de vue botanique. Tous en ont fait quelque cas en médecine.

Quant aux variétés de l'espèce commune, vulgairement appelée ARBRE A FRAISE, FRAISE EN ARBRE, ou il n'en existait pas, ce qu'il est difficile d'admettre : la nature ayant été toujours prodigue de ses dons ; ou bien, et ceci est plus croyable, la distinction des caractères qui sont propres à chacune d'elles, n'avait point été l'objet des spéculations scientifiques des savants de l'antiquité. Pourquoi s'en étonnerait-on? Tournefort, qui a écrit presque de nos jours [1], n'a-t-il pas dit qu'il ne connaissait que l'arbousier commun, le même *arbutus unedo* des Grecs et des Romains? Et cependant le célèbre botaniste était un enfant de cette Provence, où l'arbousier s'est choisi un berceau.

Un docte médecin sennois, André Mathiolus, dont on a les ouvrages traduits en vieux fran-

[1] Il est mort un 1708.

çais [1], s'est aussi occupé de l'arbousier, mais plus particulièrement sous le rapport de la thérapeutique. Après avoir critiqué Dioscoride, qu'il accuse d'avoir mal lu Théophraste, et à qui il fait dire que la feuille de l'arbousier ressemble à la feuille du coignassier, ce qui est une erreur grossière, impardonnable même chez un homme qui jouit du sens de la vue; il discute Théophraste à son tour, enseigne que le premier de ces arbrisseaux a une écorce dure, écailleuse comme celle du « tamarisc »; puis il ajoute qu'il abonde en Toscane, et qu'il fleurit en Italie dans le mois consacré par les Romains à Jules César. Ses feuilles, dit-il encore, sont bonnes pour « affetter » le cuir. Aucuns prétendent même qu'on l'emploie avec succès contre la peste : « Pourquoi ils font d'eau de feuilles d'ar- » bousier et y mêlent l'os du cœur d'un cerf. » Cet auteur aurait dû nous dire si cette dernière addition était indispensable pour l'efficacité du spécifique.

[1] Il a été traduit en 1560.

Mathiolus qui affecte une grande prédilection pour les simples, et qui, pour cela même a une thérapeutique très-riche, classe l'arbousier dans la catégorie des diurétiques et des astringents ; il est d'accord avec les anciens sur ce point, que son fruit est « mauvais à l'estomac, et qu'il cause des douleurs de tête. »

Le fruit de l'arbousier, en français, *arbouse* ou *arboise*; en grec, κομαρον ; en espagnol, *madronho*; en italien, *arbuto*, est appellé par Galien *memecilus*. Il lui accorde aussi des propriétés médicinales.

Les modernes, plus avancés en histoire naturelle, ont une connaissance exacte de cette plante. Cependant, si depuis Tournefort, qui l'a formée, nous n'ignorons rien de ses caractères génériques, elle n'a été nulle part bien exposée comme espèce. Il existe, en effet, dans la science, une étrange confusion entre plusieurs individus de cette famille. Nous allons essayer de les distinguer entre eux.

DESCRIPTION

L'arbousier commun, comme toutes ses variétés appartient, vulgairement parlant, à la famille des Bruyères ; scientifiquement, aux *Éricinées*, selon les uns, *Éricacées*, suivant les autres.

Bois. Dur et très-cassant, parce que ses fibres sont courtes ; écorce lisse quand il est jeune, gercée, d'un gris brun lorsqu'il est plus avancé en âge ; les jeunes pousses rougeâtres et chargées, à intervalles, de quelques poils.

Port. Grand arbrisseau dont la tige est droite, les rameaux élégants, souvent penchés, surtout quand ils sont chargés de fleurs et de fruits.

Feuilles. Assez semblables à celles du laurier d'Apollon, alternes, ovales-oblongues, élargies vers leur sommet, dentées en scie, glabres, très-coriaces, situées assez près les unes des autres, et portées sur des pétioles courts et rougeâtres. Elles ont 5-8 centimètres de long sur 3-4 de large. Comme elles sont persistantes, la plante leur doit son plus bel ornement.

Fleurs. Naissent à l'extrémité des rameaux, disposées en grappes courtes, rameuses et souvent penchées, longues, dit Mathiole, comme un grain de « meurte-longuet » et semblables à celles du « muguet. » Elles sont blanchâtres, portées sur des pédoncules-anguleux garnis à la base de chacune de leurs divisions d'une écaille stipulaire, quelquefois teintes d'un rouge vif. Leur corolle est ovale, resserrée à son orifice et environnée à sa base par un calice très-court.

Les fleurs de cette plante, dit Tournefort, sont

des grelots qui ont un trou dans le fond, et dont l'ouverture d'en-haut est plus étroite que le ventre. Le pistil sort du milieu du calice et s'emboîte dans le trou de la fleur.

FRUIT. Ce pistil devient ensuite un fruit sphérique, charnu, partagé en cinq loges, dans chacune desquelles il y a un placenta chargé de quelques semences. Ce fruit, lorsqu'il a acquis tout son développement, est une baie ronde, rougeâtre, pendante, qui a quelque ressemblance avec la fraise ou la cerise, hérissée de petits tubercules à la superficie, d'un beau rouge, dans la maturité; sa grosseur est de 1–2 centimètres de diamètre. On fait la cueillette dans les mois d'Octobre et de Novembre de la seconde année [1].

[1] *Diction. d'hist. nat.* D'Orbigny, t. II, voir ARBOUSIER; Pitton de Tournefort, *Éléments de botan., ou Méth. pour connaître les plantes*, t. I, p. 471; Lamarck, *Flore française*; J.-F. Laterrade, *Flore bordelaise et du départ. de la Gironde*, p. 224, nº 204, 3e édition.

VARIÉTÉS. On connaît plusieurs espèces d'arbousiers, une douzaine environ. Quelques-unes ont été obtenues par le moyen du semis de l'*arbutus unedo* lui-même, plante qui fait l'objet de cette étude. On pourrait en signaler sept ou huit ; mais les pépiniéristes-horticulteurs ne devront en rechercher que deux ou trois, à cause de la place distinguée qu'elles méritent d'occuper dans nos jardins ; les autres doivent rester dans le domaine de la botanique [1].

La variété qui se rapproche le plus de la plante-mère, l'*unedo*, est l'ARBOUSIER A FRUITS OVALES, *fructu ovato*. Il est remarquable précisément par ses fruits qui, au lieu d'être ronds, sont ovales et un peu pointus à leur sommet, ressemblance de plus qu'ils ont avec la fraise.

On distingue encore l'ARBOUSIER A FLEURS

[1] *Flore de France*, par Grenier et Gordon, v. *arbutus*, t. II, p. 425.

ROUGES, *flore purpurascente*, quelquefois appelé ARBOUSIER D'ITALIE. La fleur de cette espèce forme un contraste agréable lorsqu'elle est placée en opposition avec celle de l'arbousier commun. C'est ainsi qu'un jardinier habile sait seconder les vues de la nature [1] !

On trouve dans les Pyrénées, sur le flanc des montagnes des Alpes et des Vosges, une espèce qu'on a appelée ARBOUSIER BUSSEROLLE, ou RAISIN D'OURS, parce que ses feuilles affectent une certaine ressemblance avec l'oreille de cette bête sauvage. Comme elle, il rampe, se traîne, se cramponne aux anfractuosités de la roche stérile; puis s'élance et reste quelquefois suspendu au-dessus du vide. Petit dans sa taille, infime dans sa famille, il n'en aspire pas moins à devenir, à son tour, l'ornement de ces tristes lieux. Ses pieds aiment la mousse

[1] On a beaucoup abusé de ce mot dans le siècle dernier; la nature ne fait qu'obéir à la puissance divine.

ou le détritus humide qu'il rencontre sur le granit; s'il brave un froid de glace, il craint la chaleur; aussi recherche-t-il de préférence un berceau qui lui fournisse un ombrage; s'il a quelque orgueil, — hélas! n'est-ce point un péché de nature? — ce n'est pas à un vain titre: ses feuilles, qui prêtent un charme à la solitude, deviennent un bienfait pour l'homme: prises en poudre, disent les docteurs, elles réagissent contre les calculs et les graviers qui se forment dans les reins. Cette variété ne méritait-elle pas, après cela, une mention toute particulière?

La Providence, libérale pour tous les êtres, règle souvent ses faveurs; l'arbousier est quelquefois appelé par elle à appaiser la faim du pauvre ou du voyageur, et même à soutenir, sous une température glaciale, l'existence de tout un peuple. Les historiens racontent, en effet, que les Lapons mangent les baies d'une espèce qui résiste à la rigueur des plus durs frimats. « C'est, » dit un botaniste, « le dernier présent de la nature sous » les glaces du Nord. »

Les arbousiers ont beaucoup de rapports avec les Andromèdes et les Airelles, qui portent aussi le nom de *Raisins des bois*, mais ils s'en distinguent par plusieurs caractères que les botanistes connaissent.

HABITATION

L'arbousier croît naturellement dans la partie méridionale de l'Asie, dans l'Amérique boréale [1], le Chili, le Mexique, les Canaries ; et, en Europe, dans la partie australe : l'Italie, l'île de Corse, le Portugal, l'Espagne, plusieurs départements de la France ; mais principalement dans le Sud-Ouest et le Midi.

[1] Il existe en Amérique septentrionale, dit Duchesne (*Dict. de Levrault*, t. II, 1816), une espèce peu différente, l'*arbutus laurifolia*. Nous ne traitons ici que de l'arbousier *franc* et de ses variétés, qui constituent pour lui une famille. On ne le trouve acclimaté que sur les bords de la Méditerranée ; les rivages atlantiques de l'Irlande où le voisinage de la mer adoucit la tempéra-

On le trouve en abondance dans les Basses-Pyrénées, et sur les bords jadis si solitaires et maintenant si fortunés du bassin d'Arcachon, depuis l'ermitage où s'élève, modeste et recueillie, la chapelle des Pères Dominicains, et près duquel s'épanouit, plein de grâce et de majesté, le *Châlet-Péreire*, jusqu'aux dernières limites de la chaîne des dunes qui dominent la petite ville de La Teste-de-Buch [1], comme si l'arbre au fruit vermeil devait rester l'apanage des innombrables villas qu'une vogue sans pareille et l'impulsion d'une baguette magique élèvent à la fantaisie et à l'humanité.

ture; la côte océane, c'est-à-dire les dunes de l'ancienne Aquitaine (Ach. Richard, *Dict class. de Bory Saint-Vincent*, t. I, 1822); dans le royaume de Léon (Bosc, *Dict. de Déterville*, t. II, 1816). « En Corse, en Italie, l'arbre est chez lui, » nous écrivait M. Ch. Des Moulins. « Je crois, » ajoutait-il, « qu'il s'est étendu chez nous et en Irlande, à la faveur de la douceur du climat maritime. »

[1] Ancienne capitale des Boïens.

L'auteur de la *Flore bordelaise et du département de la Gironde*, le savant et modeste J.-F. Laterrade, dont le nom doit être cité toutes les fois que, chez nous, on traite de botanique, a constaté en ces termes la présence de l'arbousier sur notre plage océanique : « Le bois de Notre-Dame » d'Arcachon, qui est peu éloigné de La Teste, et » sur les bords du bassin, est composé de pins et » d'arbousiers dont les fruits ne sont pas désagréa» bles au goût [1]. » Alors qu'il écrivait ces lignes pour la première fois, l'aimable professeur, qui pratiquait si bien l'art d'instruire en amusant, ne pouvait prévoir le rôle qu'allait occuper dans un temps prochain le petit arbrisseau vert qui avait frappé ses regards, et qui, dans ce même lieu, croît aujourd'hui pour nos plaisirs. Admirons encore une fois les desseins de la Providence dans ce chétif arbrisseau, qui s'avance, de concert avec le géant de la forêt pour fixer à la mer ses rivages.

[1] *Introduct.*, p. 18, 3e édition.

Seuls, peut-être, le *tamarix* pleureur et, avant lui, l'*ilex aquifolium*, le houx aux feuilles épineuses et à la baie carminée, seraient-ils de taille à lui disputer une place dans nos bosquets.

Nous n'entreprendrons point de rechercher ici l'époque à laquelle il conviendrait de faire remonter l'acclimatement de l'arbousier sur ces dunes mobiles, véritable océan de sable, tout aussi susceptible des mêmes agitations, des mêmes emportements que la plaine onduleuse qui se perd à l'horizon. Fut-il transporté sur ces bords et planté au pied du sanctuaire vénéré de Marie, la protectrice des nautonniers, par quelque pélerin échappé du naufrage? — Ses rameaux verts ne sont-ils pas, en effet, l'emblême de la douceur et de l'espérance, et ses longues tiges qui s'élancent vers le ciel, n'invitent-elles pas au recueillement et à la prière? — Ou bien, quelque oiseau voyageur, peut-être la grive d'Espagne ou le merle fuyard, ou même encore la brise boréale, n'a-t-elle pas accompli, au sein du désert, l'œuvre de la Providence ? Que de végétaux, en effet, ne devons-nous point à ces oiseaux *planteurs* qui, approvisionnés, au départ, de graines qu'ils ont cueillies sous un autre hémisphère [1],

S'en vont les dispersant sur des plages nouvelles.

Quoi qu'il en soit des mille hypothèses auxquelles notre imagination est autorisée à se livrer, pour expliquer un phénomène qui restera perdu dans la nuit des temps, bénissons Celui qui fait naître et prospérer l'arbousier sur un sable aride, pour

[1] Nous éprouvons une douce satisfaction à citer ce passage dû à la plume élégante de J.-F. Laterrade :

« Qui ne remarquerait avec étonnement que la nature
» se sert des orages pour disperser les semences
» varier ainsi les riches tableaux que nous offre la vég
» tation ! Le pluvieux Orion a donné le signal des ter
» pêtes ; le ciel se couvre de nuages épais...., on d
» que les chênes de la colline vont descendre confc

récréer nos regards et augmenter nos jouissances, puisque nous l'avons négligé jusqu'à ce jour sous le rapport de ses qualités utiles.

Nous n'avons point à faire ici la physiologie de la plante qui nous occupe, mais seulement à rechercher quelles sont ses conditions d'existence. D'une constitution robuste, d'un tempérament essentiellement rustique, il n'en a point de particulières, si ce n'est celle du climat. Il redoute quelquefois, même dans les pays qui lui convien-

» dans la vallée; tout paraît détruit!... Tout paraît dé-
» truit?.... Heureux l'homme qui remonte jusqu'à la
» cause des choses; le mystère s'éclaircit bientôt à ses
» yeux. Celui qui dit à la terre encore vierge de pro-
» duire toutes sortes de plantes....., a commandé aux
» torrens de disséminer les graines nombreuses que
l'automne a vues mûrir, de les porter du mont dans
'es plaines, et de les faire errer sur les rivages; il a
rdonné aux tempêtes de l'hiver de nous préparer les
eurs du printemps! »

nent le mieux, le froid d'un hiver rigoureux, surtout quand il est accompagné du souffle du noir Borée; on le met en serre dans le nord de la France : « Sous notre climat, » dit D'Orbigny, en parlant des arbousiers, « il faut rentrer en oran-» gerie la plupart de ces plantes. »

L'arbousier brave plus facilement les feux du soleil; mais il en est parfois incommodé. Quand on le suit pas à pas dans les diverses expositions où la nature le fait naître, on s'aperçoit bien vite qu'il se plaît de préférence dans les *crastes* [1] ombragées et un peu humides; il prend même alors un développement qui lui permet de quitter sa condition modeste d'arbrisseau, pour atteindre la proportion et prendre le port majestueux d'un arbre de futaie. Toutefois, il n'aura rien perdu de grâce et de beauté à son élévation : pour être cou-

[1] *Craste* vient du mot grec χραςτις, bas-fond. Ce mot appartient à l'idiome des Landais.

ronnée d'une plus grande abondance de fleurs et de fruits, sa tête n'en sera pas plus orgueilleuse; riche de plus de dons, il offrira aux oiseaux, ses amis fidèles, un festin plus copieux et un meilleur abri. Heureux l'homme puissant qui revêt sa grandeur du manteau de la modestie, et dont la main libérale tarit les pleurs de l'infortune!

CULTURE

Pas plus que les arbres forestiers, avec lesquels il aime à vivre de compagnie, l'arbousier n'exige, à proprement parler, aucuns soins de culture. Cependant en tous lieux, au jardin comme à la forêt, il ne restera point insensible à ce labour de houe que le jardinier attentif et prévoyant donne, au printemps, aux arbres de son verger.

On ne saurait jamais faire assez, si l'on veut obtenir un sujet vigoureux, fournissant un luxurieux feuillage et rendant de beaux fruits. Les plantes ne peuvent s'approprier les principes nutritifs, que lorsque ceux-ci se trouvent sous un certain état particulier ; il ne suffit donc pas que le sol contienne de l'*humus*, si l'eau ne vient en dissoudre petit à petit les particules pour les rendre accessibles à la plante. Or, comme la terre non remuée se tasse, devient compacte, et que dans cet état elle est peu perméable, peu pénétrable à l'eau, la pluie, sur un sol qui n'a été ni labouré, ni bêché depuis longtemps, coule sans le pénétrer. Les racines des plantes, sous un sol aussi négligé, ne pouvant trouver que difficilement des aliments saisissables, ne sauraient prospérer; elles languissent et meurent même quelquefois. Au contraire, si la terre est labourée, remuée profondément, les engrais sont facilement dissous, et les racines les absorbant avec avidité, les végétaux acquièrent une grande vigueur.

S'il est bon de déchausser au printemps le pied des plantes, il ne serait point inutile, pour la nôtre, de butter le tronc aux approches des grandes chaleurs[1]; cette pratique mérite même d'être

[1] On pourrait remplacer cette opération, en mettant

recommandée. L'arbousier qui a le collet toujours frais, se porte généralement bien. A défaut de vos soins, qui ne lui sont pas indispensables, il se contentera d'un peu de feuillage qu'il se procure en se dépouillant, ou que lui apporte la brise.

Les terrains qui lui conviennent le mieux sont les sols meubles. Voyez comme il est vivace, comme il élève ses tiges vigoureuses, malgré les injures d'une population avide, et les blessures que lui font les animaux, sur le sable végétal de nos landes! Contemplez-le surtout, sur la plage arcachonaise, où il constitue le luxe de nos plus belles habitations, où l'étranger nous l'envie; son pied pivotant et chargé de racines traçantes, d'où s'élancent une multitude de radicules, trouve dans ce sol en apparence stérile un appui excellent,

au pied de la plante de l'algue marine (*Zostera oceanica*), fumier naturel, dont l'incurie ou l'insouciance du Landais ne sait tirer aucun parti.

une nourriture abondante et merveilleusement appropriée à ses facultés.

Si l'arbousier prospère sans culture, on ne lui refusera pas du moins les soins les plus vulgaires ; ainsi, on lui retranchera les bois morts qui dessécheraient les parties encore saines, les branches par trop gourmandes, celles qui le dépareraient, comme les branches chiffones, et, suivant le cas, celles à faux bois. Soit que vous l'éleviez en arbre, soit que vous le mainteniez en arbrisseau, il vous saura toujours gré de sa bonne tenue, et pour récompense, il augmentera vos jouissances.

On doit avoir le plus grand soin de préserver la section coupée, lorsque la tige ou la branche est d'une certaine force, du contact direct de l'air, par les moyens ordinaires : la cire à greffer des jardiniers, si vous poussez jusque-là vos attentions délicates ; un peu de terre molle, une couche de cendre de bois délayée, un tampon de mousse ou même d'herbe fraîche, seront un très-bon préservatif des conséquences qu'entraîne l'exposition au soleil et les alternatives de la sécheresse, et de l'humidité sur la blessure vive.

Si vous tenez à vos élèves, ou si, roi de la création, vous veillez en bon père de famille sur vos sujets, ménagez ses rameaux : son bois est de ceux qui cassent et ne plient pas.

REPRODUCTION

L'arbousier se reproduit de plusieurs manières : par *semis*, par *drageons* et par le *marcottage* [1]. On sait que cette dernière opération consiste à faire produire des racines à des branches encore attachées à la plante-mère. Pour cet effet, on élève le plus souvent une butte de terre autour de la base des jeunes branches qu'on destine à devenir des sujets ; souvent aussi l'on préfère de courber

[1] Le marcottage est une opération très-avantageuse, à laquelle on aura soin de recourir, lorsqu'on voudra multiplier des végétaux qui ne propagent pas leurs qualités utiles ou agréables par la voie du semis, lorsque ces qualités ne peuvent s'obtenir qu'après un long espace de temps.

les branches en terre au lieu de les laisser dans la direction perpendiculaire, sauf, plus tard, à redresser la tige; d'autres fois, on pratique une incision à la partie courbée en terre, afin de déterminer à l'endroit de la blessure, un bourrelet qui facilite l'émission des racines.

L'arbousier étant essentiellement stolonifère, peut se reproduire au moyen de ses propres drageons. Seulement, il est bon d'observer que les sujets qui proviennent de drageons ne pivotent jamais, et qu'ils sont rarement d'un port agréable; mais ils donnent plus promptement un feuillage épais, quand il s'agit d'arbrisseaux, comme dans notre espèce, que ceux qui viennent de semences. On obtiendra aussi plus tôt des fleurs et des fruits. Dans certaines circonstances, ce moyen de reproduction ne sera point à négliger.

Quelquefois, pour ne pas se priver d'un sujet dont le tronc est défectueux ou même abattu jusqu'au collet, on le coupe un peu au-dessous du sol ; c'est ce qu'on appelle *couper entre deux terres*.

La coupe entre deux terres est donc un moyen à employer pour se procurer de nouveaux plants ; la séparation se fait au moment de la transplantation, à l'aide d'une hache ou de l'écope d'un pic, en ayant le soin de conserver à chacun un morceau assez notable de la souche.

Les semis sont la voie de multiplication des végétaux la plus naturelle, celle qui fournit des sujets à la fois plus abondants et mieux constitués, et aussi d'une plus longue durée. Bien que pour le plus grand nombre l'acclimatation complète des végétaux soit un rêve, on ne peut douter que le semis pour les arbres comme pour les plantes ne soit une source d'améliorations et de variations presque indéfinies. Pour s'en convaincre, il suffit de jeter les yeux sur cette foule de variétés de fleurs et de fruits que l'agriculture possède de nos jours. Au moyen de semis, un bon et judicieux jardinier obtiendra des variétés nouvelles : la nature n'est avare qu'envers ceux qui négligent de sonder sa fécondité.

Les semis d'arbousiers auraient deux buts en vue : l'un de donner des sujets bien conformés et très-vigoureux, — personne n'ignore, en effet, que les arbres venus de graines sont les plus élevés, les plus droits, les plus élégants, ceux dont la croissance est la plus régulière ; jamais sur la marcotte, sur la bouture, sur le drageon, les racines ne sont aussi bien disposées, aussi régulièrement distribuées que sur les sujets issus de semences ; — l'autre but serait de donner naissance à des variétés nouvelles, plus rustiques peut-être que celles que nous possédons déjà. On parle ici dans l'intérêt de l'extension de la culture de notre arbrisseau ; car, chez nous, il vit dans les meilleures conditions d'existence. Une amélioration quelle qu'elle soit, n'est-elle pas déjà une conquête, et quelquefois un grand bienfait ?

Ce mode de propagation, complètement négligé dans nos contrées, mais suivi dans d'autres régions moins favorisées que la nôtre, fournit à la commerçante Angleterre le moyen d'exporter des graines d'arbousiers. Quant à nous, nous en sommes réduits à demander les jeunes sujets à cette colossale maison André Leroy, d'Angers, le premier pépiniériste de France et peut-être du monde entier. C'est à cette unique source de production que nos jardiniers, qui n'ont presque de pépiniériste que le nom, demandent les plants qu'ils élèvent dans des pots, faisant office de trompe-l'œil, et dont ils décorent ensuite nos jardins ou nos parcs ; mais nos bourses paient l'artifice.

Frappé de cet inconvénient, nous avons cru utile de donner ici quelques notions sur la manière de se procurer des arbousiers de semences.

Récolte des graines. — Dès que la baie de l'arbousier sera mûre, c'est-à-dire lorsqu'elle a atteint un rouge vif et que sa chair plie facilement sous les doigts, séparez les graines de la pulpe qui les environne; lavez-les; mettez-les sécher, et ensuite conservez-les dans un sable fin jusqu'au mois de Mars.

Si vous faites avec le fruit de la confiture ou du vin, ayez soin de conserver les graines, en les soumettant au procédé que nous venons d'indiquer. Les pepins que vous aurez ainsi recueillis, seront la ressource de vos semis, l'espoir de vos bosquets.

Semis. — Les semis se font au mois de Mars dans la serre ou sous châssis, en pleine terre ou en pots. Les planches ont ordinairement un ou deux mètres de large, sur une longueur proportionnée à l'emplacement dont on dispose.

Autant que possible, le lit de votre semis sera

composé de la manière suivante : une couche de gravois, puis un mélange, par parties égales, de terre légère mêlée de terreau consommé, et d'une très-petite quantité de plâtras, ou de calcaire pulvérisé.

En serre chaude, les graines lèveront au bout de six semaines, deux mois au plus tard ; vous les laisserez deux ans dans la même place, en leur donnant autant d'air que le temps le permettra. A la fin de Septembre de la deuxième année, chaque petit sujet sera planté séparément dans un pot qu'on tiendra soigneusement à l'abri des gelées ou d'un soleil trop brûlant.

Dans le mois d'Octobre de la seconde année de cette transplantation on pourra planter à demeure. Cette opération très-délicate, devrait donner lieu à quelques recommandations ; la seule qu'il convienne de faire ici, est, qu'il faut, autant que possible, maintenir au jeune plant la même nourriture. Quant au semis en pot,

Il est des citadins l'élégante méthode.
(DELIL.)

Le sable végétal d'Arcachon offre à l'arbousier un lit si commode, que sa graine y lève naturellement. Mais à combien de dangers ne s'y trouve-t-elle pas exposée? Nous devons cependant aux soins de la nature cette luxuriante et douce verdure qui repose nos yeux de la réverbération de l'arène brûlante. C'est aussi l'arbousier qui aide à perpétuer dans notre atmosphère, éternellement chargée des émanations balsamiques qu'exsudent les blessures de l'arbre de Cybèle, les tièdes haleines qui prolongent pour nous les heures fugitives de la vie.

PLANTATION

La plantation d'un arbre, d'un végétal quelconque dont on désire le succès, exige les plus grands soins et ne veut être faite qu'avec discernement; on dira même, avec cette science, cette pratique sûre que donne l'étude approfondie de l'anatomie des végétaux, de la physiologie de chacun, en un mot, de toutes les connaissances qui font les bons agriculteurs. Comment assurer autrement à cet être délicat qui attend tout de vos mains, ses véritables conditions d'existence, et surtout d'existence féconde ?

Toute plante, en naissant, déjà renferme en elle.
D'enfants qui la suivront une race immortelle.

(RAC.)

Les profanes qui voudront procéder à cette opération sans le secours d'un jardinier, agiront sagement, en ayant recours aux ouvrages spéciaux. Au besoin, voici quelques préceptes qui sont le fruit de notre propre expérience.

Le temps le plus favorable pour planter l'arbousier doit être observé rigoureusement. Dans les terrains très-secs, comme le sol végétal de nos landes, qu'il soit siliceux ou graveleux (on y rencontre l'un et l'autre), ou bien encore *aliotique* [1], il est préférable de planter à la fin de l'automne,

[1] On ne saurait trop répéter que ce que le vulgaire appelle *alios* ou *tuf des landes*, n'est point un composé ferrugineux, mais une agrégation sablonneuse produite par la décomposition des végétaux sous l'influence de la chaleur et de l'humidité. Cette agrégation se délite facilement et devient une très-bonne terre végétale. On appelle aussi improprement *alios*, une pierre volcanique qui est distincte du minerai de fer qu'on rencontre dans quelques parties des landes.

parce que pendant l'hiver et le printemps suivant, l'arbre a pu jeter assez de racines pour résister au besoin aux sécheresses de l'été.

Quand il s'agit de transplanter un sujet plus qu'adulte, on le trouve, à cette époque, paré de ses fleurs et de ses beaux fruits ; attendez la fin de Novembre ; mais hâtez-vous alors, le temps presse.

Dans ce dernier cas, on fera peut-être bien, pour obéir à une loi de la nature et respecter la règle, de sacrifier à la pratique qui consiste, à remarquer, quelle que soit la saison où il est planté, la position de l'arbre dans le nouveau lit que vous lui avez préparé, par rapport à son orientation. On a observé que, pour beaucoup d'arbres, même les bois durs, si dans la transplantation, la position est intervertie, le nouvel hôte éprouvera nécessairement une commotion ; il y aura, chez lui, changement d'habitude, malaise, et par suite, sa vitalité sera tout au moins ralentie.

Cette précaution n'est pas toujours facile à observer, pour plusieurs raisons faciles à saisir. On a l'habitude de se préoccuper beaucoup plus dans l'opération de la transplantation, de sacrifier à l'art et au goût particulier, en s'attachant à *parer* le sujet.

Les jeunes plants n'exigent pas une pareille attention ; ils prospèrent parfaitement quelle que soit la position qu'on leur donne ; ici, l'art et le goût doivent servir de guides.

Cependant on ne plantera, autant que possible, que des sujets de choix, c'est-à-dire bien conformés, de jolie venue, d'une tenue qui réponde à la destination que doit avoir votre élève, arbre ou arbrisseau, et en ayant toujours à l'esprit ces vers du poète :

En fait de mœurs, en fait de lois,
Tout aussi bien qu'en fait d'arbuste,
Ne transplantons rien qu'avec choix.

(Nivern.)

Toutes les fois qu'on transplante un sujet déjà vieux, il est très-important de lui conserver à l'arrachage, toute la bourde et le plus possible de racines. La plupart du temps, le pivot se détache de la souche, alors surtout qu'on enlève la plante avec sa *motte ;* cette perte lui sera assurément bien sensible, mais ne l'empêchera pas de vivre par ses autres organes. Il n'en serait pas de même si la souche était trop mutilée, comme si elle restait dépourvue de ses racines principales. Elles ne doivent être endommagées que le moins possible ; car c'est de ces organes importants que partent un grand nombre de radicules, qu'on appelle en botanique *chevelu*, « qui se dirigent, comme par » instinct, vers le lieu le plus favorable à leur » accroissement, et dans lequel se trouvent, en » plus grande abondance, les substances néces- » saires à la vie du végétal dont il s'agit. » Cette proposition n'a plus besoin d'être prouvée.

On ne saurait assez recommander d'enlever la

plante avec sa motte, et sans trop endommager les racines. En procédant ainsi, vous rendrez la reprise infaillible ; on ne peut jamais être sûr de réussir dans l'autre cas. Tout au moins ne laissez jamais dessécher vos plants et ayez les plus grands ménagements pour les racines. La durée de la racine, dit le botaniste, détermine celle du végétal.

Nos arbres ont besoin de nos soins les plus assidus, de notre entière vigilance, alors surtout que nous interrompons les conditions naturelles de leur existence. Ce qu'ils deviendraient, si nous ne secondions les efforts de la nature ? — ces vers d'une muse harmonieuse nous l'expliquent dans une charmante allégorie :

Pour moi, qui n'ai point pris racine sur la terre,
Je m'en vais sans efforts comme l'herbe légère
Qu'enlève le souffle du soir.

(Lamartine.)

On ne se servira pour opérer le retranchement du bois mort ou endommagé, ou pour *rafraichir* les racines, que d'un instrument très-tranchant : l'antique serpette l'emportait, à notre avis, pour bien faire une *taille*, sur le moderne sécateur. La section sera vive, lisse, exempte de cicatrices.

Il ne faut jamais perdre de vue qu'une juste proportion, un équilibre parfait doit exister entre les parties nourricières et les parties nourries, afin que tous les organes conservent leurs rapports naturels et que toutes les fonctions s'exécutent d'une manière normale. Couper une partie des racines d'un arbre sans rien rabattre de ses branches, c'est l'exposer à la mort ; au contraire, couper celles-ci sans toucher aux premières, c'est jeter une grande perturbation dans ses fonctions, perturbation que la nature ne surmonte pas toujours.

La pratique et l'observation disent mieux que

ne pourrait le faire le meilleur livre, la limite à laquelle il convient de s'arrêter dans cette circonstance.

Dans tous les cas, on recommande d'une manière toute particulière, d'attacher une très-grande importance à la conservation des racines, de celles qui sont saines bien entendu ; car pour celles qui paraissent malades ou qui sont affectées, il ne faudrait jamais hésiter de les supprimer.

On sera peut-être obligé la première année de la transplantation, suivant la nature du sol, l'âge du sujet, sa nouvelle exposition, en un mot, les conditions dans lesquelles s'est accomplie l'opération, de donner de fréquents arrosages :

> La racine aux rameaux frissonnants distribue
> L'eau qui se change en sève aussitôt qu'elle est bue;
> (V. Hugo.)

il vaut mieux qu'ils soient plus abondants et moins répétés. L'eau qu'on prend à la source ou qu'on sort du puits, si elle est employée immédiatement, peut devenir funeste à la plante.

L'économie végétale des plantes est quelquefois troublée par de vraies maladies. L'arbousier n'en connaît point de particulières, si ce n'est qu'il est plus sensible que beaucoup d'autres végétaux à quelques influences atmosphériques. Les maladies qui affectent les plantes proviennent généralement d'un excès de sécheresse, d'humidité de la terre elle-même, qui leur refuse une nourriture appropriée à leur tempéramment, ou ne leur fournit que des sucs pernicieux. L'on a déjà dit ce que l'arbousier avait à redouter du froid et de la chaleur. Ainsi, tous les êtres sont soumis à la loi commune : ils ne naissent que pour mourir.

On reconnaît qu'un sujet souffre lorsque ses feuilles prennent une teinte rougeâtre; bientôt elles brunissent et se dessèchent. Dans cet état, le jeune bois se flétrit, quelquefois les feuilles se replient sur elles-mêmes comme celles de l'acacie pudique ; c'est là un symptôme non équivoque de maladie. Une plante altérée est toujours languissante ; l'eau réparatrice lui sera distribuée sans parcimonie : vous ne tarderez pas à vous réjouir de vos soins.

Lorsque l'arbousier est transplanté dans de bonnes conditions, il fleurit quelquefois dès la première année, et avec ses fleurs naît l'espérance de la récolte de l'année suivante. L'agriculteur peut ainsi prévoir longtemps à l'avance l'importance de sa récolte : des cas de force majeure seuls pourraient la lui ravir.

Il arrive souvent qu'en voyant les feuilles de l'arbousier languir sur leurs pétioles, après de fortes chaleurs, de rudes gelées ou tout autre accident grave, on considère la plante comme perdue, et on se hâte alors de la rabattre sans discernement. Cette précipitation ne saurait être trop blâmée. Le grand art du cultivateur, en cas de maladie, qui, presque toujours, n'est que partielle, est de ne faire que les sacrifices indispensables et de saisir le point où doit s'arrêter le fer. Avant d'arracher un pied de terre et de consommer par là le sacrifice, on devrait attendre jusqu'au printemps de la seconde année, après la transplantation. N'est pas toujours vrai le proverbe qui dit : « La précipitation gagne les affaires. »

Un savant philosophe a dit élégamment :
Dans tout ce que tu fais hâte-toi lentement.

UTILITÉ

Si l'arbousier est capable de varier nos plaisirs, il se recommande encore par son utilité : double avantage que nous offre sa culture.

En médecine, l'écorce, les feuilles et les fruits sont regardés comme astringents. On fait avec les baies parvenues à maturité une confiture qui n'est point désagréable au goût, surtout si l'on a le soin d'y ajouter un arome tel qu'un léger fragment de vanille. On ne doit en user qu'avec modération. En thérapeutique, on l'emploie avec avantage contre la diarrhée symptômatique, ou ces flux de ventre accidentels dont les personnes délicates sont fréquemment atteintes dans les pays de montagnes, ou sur les bords des mers, par suite des transitions brusques qu'on y éprouve en subissant alternativement l'action de la chaleur et du froid. Cette maladie, qu'on appelle l'*Arcachonaise,* de même que quelques cas de fièvre hectique qui se produisent parfois sur toutes les plages, n'ont pas d'autre origine.

On sait déjà que depuis l'antiquité la plus reculée, les médecins ont préconisé les feuilles de l'arbousier *unedo* ou commun, réduites en poudre, contre les calculs urinaires.

En Corse, où l'arbousier est très-commun, les gens de la campagne mangent son fruit, quoiqu'il soit froid et indigeste. Ils s'en servent encore pour préparer une boisson, espèce de vin qui, dit-on, est bienfaisant.

On a dit, il y a déjà bien longtemps, mais n'en croyez jamais les méchants et les ignorants sur parole ; on a dit que le fruit de l'arbousier causait l'ivresse : il est plutôt froid et lourd à l'estomac.

Heureux habitants d'une contrée pour laquelle la nature semble vouloir épuiser tous ses dons, nous négligeons un grand nombre de plantes utiles. Quelques-uns seulement, poussés par la nécessité, leur donnent une attention passagère. Les rédacteurs des *Actes de la Société Linnéenne de Bordeaux* [1] avaient en vue de nous signaler ce fait lorsqu'ils ont écrit le passage suivant : « Depuis » quelques années, les habitants peu aisés font » avec le fruit de l'arbousier une confiture en la » faisant cuire au sucre ; ils en font aussi une bois- » son diurétique et rafraîchissante dont on a ob- » tenu de bons effets dans les maladies des reins. »

» On prépare cette boisson en mettant dans un » tonneau une certaine quantité de fruits mûrs.

[1] T. XIII, p. 219.

» On les recouvre d'eau, on les laisse macérer
» pendant une quinzaine de jours, en les remuant
» une fois tous les jours ; on en tire le liquide au
» clair, et on le met dans des bouteilles bien bou-
» chées que l'on conserve debout dans un lieu
» frais.

» Cette liqueur pétille à-peu-près comme le vin
» de Champagne, et est fort agréable à boire. Il
» serait facile de la rendre plus agréable à boire
» encore en y ajoutant du sucre et en l'aromati-
» sant. »

L'industrie, dont le domaine est sans limite, obtient de l'arbousier un bon trois-six, en livrant ses baies à la fermentation.

Possédez-vous de nombreux sujets ? ils vous fourniront l'occasion d'une chasse des plus attrayantes, et surtout des plus productives.

On connaît une cochenille appelée *cochenille*

d'Europe, qui s'attache à l'arbousier. La couleur qu'elle fournit est aussi belle que celle de la cochenille d'Amérique. Cet insecte est gros comme un grain de riz. Son corps est d'un gris ardoisé mêlé de rougeâtre, et recouvert d'un duvet blanc qui s'entrelace et se détache ensuite, de telle sorte que le petit animal paraît être enveloppé d'une peau blanche. Il faut le chercher auprès de la racine, à la partie de la tige qui est recouverte de terre, et quelquefois de mousse ou de feuillage et où se trouve un peu d'humidité. Cette espèce, comme celle du nopal, peut fournir à l'industrie les plus belles nuances d'écarlate et de pourpre. Comme la beauté est toujours susceptible, ne négligez pas, aussitôt après que vous aurez fait la récolte, de la mettre sécher au four, sans quoi l'insecte subirait une métamorphose, et il ne vous resterait plus qu'un être vil et inutile [1]. Les plai-

[1] Linné, le premier, observa cette cochenille, et en fit le sujet d'un rapport inséré dans les *Mémoires* de l'Académie des Sciences de Stockholm.

sirs sont comme les fleurs, on doit les cueillir en leur saison ; ceux que procurent le commerce des lettres et un véritable ami peuvent seuls durer toute la vie.

Cultivez donc l'arbousier puisque, chez lui, l'utile est le compagnon de l'agréable; cultivez-le puisqu'il peut devenir parfois le pain du pauvre, un breuvage salutaire pour le voyageur, un spécifique dans les maladies cruelles qui affligent la nature humaine ; cultivez l'arbousier, car s'il augmente le charme de nos bosquets, il offre à leurs hôtes harmonieux, quelquefois un berceau, toujours un sûr abri et souvent le repas du soir, lorsque le vent d'autan souffle avec violence.

Oui, cultivons l'arbousier ; cultivons-le surtout dans nos landes, là où le pin maritime, l'yeuse au feuillage glauque, ou quelques autres amentacées lui prêteront l'ombre de leur feuillage. L'emploi des arbres à feuilles persistantes ne doit pas être préféré sans raison : ils sont nécessaires pour empêcher l'introduction des sables dans les jeunes semis.

Il y a, en effet, dans notre département et dans celui qui l'avoisine, du côté de l'Océan, de vastes espaces inaccessibles aux troupeaux, où notre arbrisseau pourrait végéter et même prospérer de concert avec l'arbre providentiel qui arrête de son pied robuste l'arène mobile. Les landes sont assez riches, nous dira-t-on; jamais le vieux proverbe landais, « *Qui a pins, a fortune*, » ne s'était réalisé comme de nos jours; qu'importe au landais votre chétif arbrisseau! Des jouissances? Pour lui, la nature en est prodigue. Un patrimoine plus abondant pour ses enfants? N'a-t il pas déjà des trésors? Et le ciel, ce ciel si clément, qui lui fait retrouver dans la gemme d'un arbre la source de la fortune, source plus sûre que celle du Pactole, a-t-il donc fixé une limite à ses faveurs? Ah! laissez, laissez le landais à sa naturelle insouciance.

S'il est avide parfois, un champ vaste comme l'Océan qui s'étend à ses côtés [1] est ouvert à son humeur spéculative. — Mais ce langage n'est-il pas celui de l'imprévoyance ?

Il y a quelques années à peine, la fortune qui court les landes n'y distribuait pas également ses largesses ; pour un oasis, on parcourait des steppes infinies; pour une ferme de riche, on comptait mille cabanes de pauvre. Il n'est pas encore éloigné, ce temps, où l'on voyait dans le *résinier* [1] le type de la dégradation humaine, suivant ce portrait tracé de main de maître : « Taille au-dessous de la » médiocre ; maigreur qui souvent approche du » marasme, teint hâve et décoloré ; cheveux lis-

[1] La côte océane des landes comprend une zone de terre de 16 à 20 kilomètres de large et de 100 kilomè-de long.

[2] Saint Paulin, dans sa troisième lettre au poète Ausone, appelle les résiniers *piceos*.

APPENDICE

Nous joignons un court appendice à la notice qui précède, dans le but de recommander l'introduction, sur la côte océane des landes, de trois plantes de même famille (elles appartiennent à celle des *Rosacées*), qui, sans le disputer en prééminence à l'arbousier, mériteraient cependant de vivre avec lui de compagnie.

L'une de ces plantes, est le MERISIER *à gros fruit noir*, *Prunus avium*, en botanique.

La seconde, est le CERISIER *mahaleb*, scientifiquement, *Cerasus silvestris*, vulgairement, *Bois de Sainte-Lucie*.

La troisième, le *Marasca*, GRIOTTIER MARASQUIN.

Le MERISIER croît spontanément dans les bois montueux d'une grande partie de l'Europe. Dans la forêt Noire, en Suisse, dans le Wurtemberg, on s'occupe particulièrement de sa culture, parce qu'on extrait de son fruit, par la distillation, la liqueur connue sous le nom de *Kirschenwaser*.

Les merises sont pour plusieurs oiseaux, surtout pour les grives, une nourriture qui les engraisse promptement, et rend leur chair plus délicate. On en retire aussi du vin et de l'eau-de-vie, et les ménagères en préparent souvent des compotes et des confitures. « Combien de fois j'ai mangé, pendant » l'hiver, » raconte un botanophile, « chez des » charbonniers, de la soupe aux merises, c'est-à-

» dire du pain bouilli dans de l'eau avec des meri-
» ses sèches et un peu de beurre ! »

Le CERISIER SAINTE-LUCIE, ainsi appelé, parce qu'il abonde dans les Vosges, près de l'abbaye de ce nom, embaume l'air et semble, suivant l'expression de Bernardin de Saint-Pierre, « couvert de neige au milieu du printemps. » Ses fruits fournissent une liqueur agréable, une couleur pourpre aux teinturiers, un bois dur et odorant à l'ébénisterie. On le trouve dans les forêts, dans les bois, au bois de Boulogne, où les Parisiens aiment à respirer son parfum, quand la nature est encore en sommeil

Le GRIOTTIER *marasca* produit, pour nous, aux rayons d'Avril, de jolies grappes de fleurs qui deviennent mères d'un petit fruit noir, dont on obtient, par la distillation, le *marasquin*, liqueur stomachique et diurétique.

Ces trois plantes s'accommodent à-peu-près de tous les sols; cependant elles préfèrent un sol léger et sablonneux. Leur introduction sur nos dunes, serait un véritable bienfait pour ces contrées : c'est à ce point de vue que nous avons cru devoir les signaler.

Puisse ce germe d'avenir jeté au hasard sur ces pages éphémères, porter des fruits en frappant les regards des hommes que la Providence réserve pour l'exécution des grandes choses! C'est pour eux que Platon écrivait à Architas : « N'oubliez » jamais que vous ne vivez pas pour vous seul, » mais aussi pour votre patrie et vos concitoyens[1]. »

Qu'on ne se laisse point arrêter par des difficultés apparentes : nos espèces prospéreront à merveille dans la forêt d'Arcachon, aux alentours de ce

[1] Cic., *De fin. bon. et mal.*, lib. II.

jardin que les fruits de l'arbousier feraient presque surnommer le jardin des Hespérides. Près de ces lieux déjà si renommés où l'étranger vient chercher un ciel calme et réparateur, croît naturellement le *Prunus insitia*[1], PRUNIER ÉPINEUX. Il peuple les grandes forêts de La Teste, et on le rencontre souvent à Arcachon, dans les quartiers d'Eyrac et du Mouëng où ses fleurs répandent, au printemps, un parfum délicieux.

Telle est la fécondité et la prévoyance de la nature, qu'elle réunit souvent dans une seule de ses productions, les avantages de plusieurs autres. Ainsi, la fleur de ce chétif arbuste que dédaignent presque nos regards, rappelle une époque de misère publique, celle du blocus continental : prise

[1] Les botanistes ont remarqué tant d'affinités entre le prunier et le cerisier, qu'ils les ont réunis sous un même genre, pour les distinguer seulement par espèces.

en infusion, elle remplaçait avantageusement le thé du commerce maritime. Ses petits fruits noirs servent à colorer le vin commun ou à faire un très-fort vinaigre. L'écorce est fébrifuge.

Maison Lafargue : Coderc, Degréteau, Poujol, succ.

Bordeaux. -- Imp. de F. Degréteau et Cie.

www.ingramcontent.com/pod-product-compliance
Lightning Source LLC
Chambersburg PA
CBHW071245200326
41521CB00009B/1636
9782019601300